AF230548

LE CHEVAL

EN

BRETAGNE

LANDERNEAU,

Imprimerie J. DESMOULINS, rue Lafayette, 7

1897

LE CHEVAL EN BRETAGNE

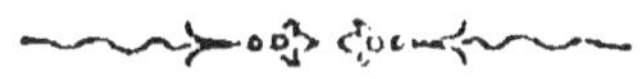

CHAPITRE I.

Des conditions actuelles de la production chevaline en Bretagne.

S'il est un pays d'élevage qui puisse légitimement prétendre à un haut avenir, c'est assurément la Bretagne. Là, toutes les conditions se trouvent réunies pour assurer la prospérité de l'industrie du cheval : la race, matière première de l'exploitation, un milieu favorable à l'élevage, des débouchés commerciaux qu'une antique renommée a, dès longtemps, ouverts.

Cette prospérité existe-t-elle ? Malgré l'optimisme de commande dont certains intéressés font étalage, nous avons le regret de constater qu'il n'en est rien, et que l'élevage du cheval, qui peut être considéré comme une des sources principales de la fortune de la région, loin d'être en voie de développement, diminue de jour en jour de valeur. Pourquoi faut-il que les amis les plus sincères de la Bretagne en soient réduits à s'avouer que sa réputation d'antan est aujourd'hui à peu près tout ce qui lui reste ? Comment donc a décliné cette fortune et par quelles causes se sont évanouies les promesses qu'il était permis d'escompter ? C'est ce qu'il semble urgent d'examiner dès maintenant, s'il en est toutefois encore temps, car le mal qui ronge l'industrie chevaline en Bretagne a poussé de profondes racines, et le remède s'impose, immédiat, radical et énergique.

Posons tout d'abord les bases de la question.

La population chevaline qui occupe la Bretagne appartient à deux races naturelles, bien distinctes par leurs origines, leur type spécifique et leurs aptitudes.

1° D'abord, la race bretonne proprement dite, qui peuple la zone maritime de l'Ille-et-Vilaine, des Côtes-du-Nord et du Finistère.

Cette race, dont les ossements quaternaires ont été découverts sur ces côtes, et dont le berceau a été, soit la Bretagne, soit l'Angleterre, soit les terres que la Manche a, depuis, submergées, ainsi que le remarque Mr Sanson, est, par sa constitution et sa conformation, une race de trait.

2° La race aryenne, ou asiatique, qui occupe le centre montagneux de la Bretagne, le Morbihan et une faible partie de la Loire-Inférieure. Cette branche collatérale de la race arabe a été importée, et a vraisemblablement été amenée d'Asie par les migrateurs aryens. C'est une race légère propre à la selle et à l'attelage léger.

Ajoutons que dans la partie de l'Ille-et-Vilaine confinant à la Normandie domine une population d'origine normande, de même que la majeure partie de la Loire-Inférieure est occupée par la race vendéenne, métissée d'ailleurs avec la race normande.

Telles sont, en deux mots, les origines et la répartition des deux races qui constituent le fond de la population chevaline de la Bretagne. Il n'entre nullement dans ma pensée de produire une thèse de zoologie, à la suite des autorités qui ont éclairé la question. Il semble toutefois indispensable d'attirer, dès maintenant, l'attention sur ces déterminations, dont on constate trop souvent la méconnaissance et qui constituent cependant la base de l'industrie chevaline, l'économie de l'exploitation de ces deux races étant d'ordre complètement différent.

Si les deux races qui habitent la Bretagne sont nettement distinctes par l'origine, elles le sont également par le type et la conformation. Personne, en effet, ne saurait confondre le cheval breton proprement dit, au profil camus, à l'épaule droite, au corps court et cylindrique, à la croupe musculeuse et oblique, aux membres larges et forts, avec la tête droite, l'encolure légère, la croupe un peu tranchante, les membres secs et nerveux et la taille svelte du cheval de la montagne. Comme l'on sait que les aptitudes sont sous la dépendance étroite, imposée mécaniquement, de la conformation, les fonctions de ces deux races sont évidemment différentes. Ainsi que nous l'avons déjà noté, la race bretonne proprement dite, que nous appellerons désormais, pour plus de concision, la race forte, est une race de trait lourd ou léger; la race de la montagne, ou race légère, est une race de selle ou d'attelage léger.

Une caractéristique toutefois les unit. Elles puisent toutes deux, dans leurs origines qui remontent aux premiers âges du monde habité, une puissance héréditaire qui se manifeste aux yeux les moins prévenus par la transmission indélébile de leurs caractères spécifiques et constitutionnels.

Telles sont les deux races qui, long-temps pures de toute mésalliance, et se recommandant par leurs qualités communes de rusticité, d'endurance et d'énergie, avaient fondé leur légitime réputation sur des services rendus à la satisfaction générale. Les annales de nos guerres en font foi ; les débouchés commerciaux ouverts à leur exploitation le témoignent sans conteste.

Un jour est venu où ces qualités ont été méprisées. Au nom du progrès et des besoins nouveaux, mots sonores et majestueux si commodes pour masquer le vide des conceptions et capter l'enthousiasme des snobs, on a déclaré la guerre à nos races. Dans un subit accès de pudeur esthétique, on a reproché, à la race forte un manque choquant de distinction, à la race légère un défaut de taille rédhibitoire, et on a décrété, avec l'extirpation de ces vices, la refonte d'une œuvre où la nature avait révélé une insuffisance aussi notoire de facultés artistiques.

Une certaine école, qui a résolu le problème troublant, sous le régime de liberté qui préside à nos destinées, de s'ériger en autocratie intangible, a trouvé et applique à cet effet une recette radicalement infaillible dont elle possède le monopole. Impressionnée sans doute par le principe de l'égalité des citoyens devant la loi, et jalouse de marquer sa trace dans ce siècle, cette école s'est vouée à la propagande de cette idée éminemment suggestive de l'égalité des chevaux devant la naissance. Plus de castes,... je veux dire plus de races ! Tous les chevaux demi-sang ! Telle est la devise cabalistique de la maison ! L'instrument merveilleux qui permet de réaliser cette touchante égalité est le métissage. Chacun sait comment on opère. Vous prenez « deux ou plusieurs races distinctes, plus ou moins éloignées par leurs principaux caractères, et leurs aptitudes (Gayot).» Vous mélangez, et vous retirez du moule quelque chose. Ce quelque chose, que sera-t-il ? On n'en sait rien, et il est impossible de le savoir d'avance.

Généralement, un habit d'arlequin où chaque race a cousu un lambeau de son individualité, une juxtaposition incohérente de qualités et de défauts, un mélange hétérogène de conformations variées et divergentes, où la machine gémit et où pleure l'harmonie. Parfois le hasard corrige les inconséquences et fait surgir un évènement heureux, aussitôt proclamé comme glorification de la méthode. Mais dans ce cas le résultat n'est pas dû au métissage, mais bien à un croisement suivi, généralement inconscient d'ailleurs de la part de ceux qui ont conçu et dirigé l'opération.

Quoiqu'il en soit, c'est le procédé du métissage classique qui fonctionne aujourd'hui dans toute la France, et qui, timidement introduit tout d'abord en Bretagne, s'est étendu progressivement, surtout depuis 1874, et règne aujourd'hui en maître. L'administration des Haras, organisme puissant et respecté, a conquis le pays et achève actuellement son œuvre.

C'est cette œuvre que nous allons examiner.

La Bretagne est officiellement desservie par les Dépôts d'étalons de Lamballe et de Hennebont. L'effectif approximatif de ces deux dépôts se décompose ainsi :

Dépôt de Lamballe	Pur-sang — 6
	Demi-sang — 96
	Trait — 118
Dépôt de Hennebont	Pur-sang — 6
	Demi-sang — 104
	Trait — 18

Quelle est l'origine de ces reproducteurs qui ont pour mission de régénérer nos races bretonnes.

Les pur-sang comprennent 10 pur-sang anglais et 2 pur-sang anglo-arabe.

Les demi-sang sont tous normands ou d'origine normande plus ou moins métissée.

Les étalons de trait appartiennent à des races diverses. Nous relevons, par exemple, dans les 118 chevaux de trait du Dépôt de Lamballe : NORFOLK : 11 — BOULONNAIS : 5 — PERCHERONS : 77 — ARDENNAIS 1 : — DIVERS : 24 dont 6 d'origine bretonne. Ce dernier chiffre mérite d'être retenu.

Le Dépôt de Hennebont présente dans cette catégorie à peu près les mêmes descendances.

Il convient de remarquer combien la doctrine du métissage est imprégnée d'eclectisme en ce qui concerne les origines. Ayant pour objectif le nivellement de toutes les races, et ramenant l'espèce chevaline à une expression zootechnique unique, cette méthode ne saurait tenir compte de la pureté de la descendance, puisque la filiation naturelle n'existe plus. Il s'ensuit que les dénominations territoriales sous lesquelles sont enregistrés les métis n'indiquent nullement la race à laquelle ils appartiennent, car ils n'ont pas de race, mais seulement les contrées où ils sont nés ou ont été élevés. Ainsi, un métis d'origine normande né en Vendée est un cheval vendéen ; un métis quelconque élevé en Bretagne est un breton.

Comme exemple, prenons le pedigree de Corlay, si connu en Bretagne, où il figure comme une gloire nationale, et inscrit au Stud-Book français des chevaux de demi-sang : Section bretonne N° 41.

CORLAY, Rouan, 1^m57, né chez Mr Poézevara à Canihuel (Côtes-du-Nord) en 1872. Fils de Flying-Cloud, demi-sang Norfolk, et de Thérésine, jument aubère de steeple, par Festival, pur-sang anglais, et Craven, pur-sang anglais ; sa grand'mère par Lalli, pur-sang anglo-arabe, et Bédouin, pur-sang arabe.

Un second exemple de demi-sang breton.

VOLTAIRE, bai chatain miroité, 1m58, né en 1879 chez Mr Levrault à Bersoc'h en Plouguernével (Côtes-du-Nord). Fils de Corlay, dénommé ci-dessus, et de Mina; Mina, fille de Bacchus, demi-sang normand, par Epéron, pur-sang anglais, et Ramsay, pur-sang anglais; la mère de Mina par Kérim pur-sang arabe.

Au point de vue physiologique, il faut évidemment une bonne volonté excessive pour comprendre la qualification du demi-sang breton attribuée à Corlay et à son fils Voltaire, et c'est en vain qu'on chercherait à découvrir dans leurs veines la moindre goutte de sang breton, surtout si l'on remarque que la branche maternelle appartenait à la race légère de la montagne bretonne, c'est-à-dire à la race orientale. Mais dans l'ordre d'idées que nous avons signalé, tout s'explique naturellement, puisque ces chevaux sont nés dans les Côtes-du-Nord, c'est-à-dire en Bretagne.

De même, l'on dit parfois d'un cheval qu'il est demi-sang carrossier, ou demi-sang postier, lorsqu'on n'a aucun indice ni d'origine, ni de nationalité. Ces ingénieuses combinaisons, à forme vague et imprécise comme les animaux qu'elles concernent, se trouvent d'ailleurs presque justifiées par suite du chaos qui règne dans la production actuelle ; elles présentent aussi l'avantage d'effacer jusqu'au souvenir de ces races vulgaires qui ne sauraient aujourd'hui remplir en ce monde la haute mission découverte par l'hippique contemporaine.

Examinons maintenant les résultats obtenus en Bretagne par l'intervention de ces reproducteurs officiels.

A tout seigneur, tout honneur, et commençons par le demi-sang, destiné à transformer nos chevaux bretons en carrossiers et en trotteurs, pour la plus grande gloire de l'Administration et le plus grand profit de nos éleveurs.

Comme je l'ai déjà indiqué, par demi-sang il faut entendre anglo-normand. En consultant le Stud-Book, section bretonne, on remarque le fait suivant : Au dépôt de Lamballe, de 1836 à 1874, soit pendant une période de 38 ans, ont été importés de Normandie ou ont été employés à la monte comme approuvés, 125 chevaux normands ou d'origine normande. De 1874 à 1890, soit dans l'espace de 16 ans, ces deux catégories se sont élevées au chiffre de 240. Ainsi dans une période d'années d'une durée moindre de plus de moitié, l'effectif des étalons normands employés comme reproducteurs officiels a, à peu près, doublé. A l'heure actuelle, il ressort du tableau des montes que sur 220 chevaux environ appartenant au même dépôt, y compris les chevaux de trait, la moitié est d'origine normande.

L'examen du Dépôt de Hennebont conduit à la même conclusion. Tel est l'historique sommaire de l'invasion normande en Bretagne. Je ne discute pas ici la valeur de l'Anglo-Normand comme cheval ; je discute seulement sa valeur comme reproducteur et améliorateur en Bretagne.

Avons-nous réalisé, par l'alliance de l'Anglo-Normand et de la jument bretonne, ce type du carrossier étoffé, harmonieux, marchand, en un mot, puisqu'en résumé c'est là qu'il faut en arriver pratiquement? Avons-nous même seulement éprouvé une amélioration quelconque? Nullement, et il est inutile d'ergoter, car l'expérience a duré assez longtemps pour qu'on soit autorisé à juger son échec comme définitif.

La chose était d'ailleurs facile à prévoir, si l'on s'était donné la peine d'observer et de réfléchir au lieu d'accepter aveuglément les théories fantaisistes et spécieuses de donneurs d'avis sans mandat et sans responsabilité. On s'était flatté de commander à la nature et de lui imposer son bon plaisir; la nature s'est vengée de ces prétentions, comme elle le fait chaque fois que l'homme, chétif, s'obstine à la violenter au lieu de se pénétrer de ses lois. Il a plu de rayer du vocabulaire le mot de race, mais en vain; les races existent, malgré leur condamnation, et elles manifestent, à tout instant et énergiquement, leur vitalité par cette puissance héréditaire qu'on nomme atavisme.

Parmi les espèces animales, aucune

autre plus que l'espèce chevaline ne
doit son rôle dans le monde à sa conformation et à ses aptitudes, car ce rôle
est exclusivement celui de moteur.
Or, de même que toute machine mo-
trice demande, pour produire l'effet en
vue duquel elle est construite, la cor-
rélation des mouvements, l'agencement
des organes et la régularité du méca-
nisme, de même la machine animale
exige le parallélisme des leviers, la simi-
litude des angles, l'équilibre des forces,
en un mot, l'harmonie mécanique ap-
propriée à son genre de travail. L'épure
du cheval de vitesse diffère essentiel-
lement de celle du cheval de trait. Ces
deux chevaux dissemblables accom-
plissent, en raison de leur conformation
propre, des fonctions spéciales à chacun
d'eux et pour lesquelles ils ne pourraient se substituer l'un à l'autre, sans
que l'effet utile en fût diminué. Or,
c'est le rendement dont un moteur
est capable qui en détermine la valeur.
Porter ce rendement au maximum est
donc le but de toute amélioration. Il
ne faut pas oublier que, de même qu'il

n'y a pas d'hommes universels, il n'e-
xiste pas davantage de conformations
à aptitudes universelles. Quoiqu'on
puisse dire, le cheval à deux fins n'est
pas industriel ; il est l'un ou l'autre,
il n'est jamais l'un et l'autre. Ce sont
donc des spécialités qu'il s'agit de for-
mer; mais les éléments de ces spécialités,
on ne les rencontre que dans les or-
ganismes naturellement prédisposés et
équilibrés dans toutes leurs parties,
qui se développent ensuite normale-
ment par une gymnastique et un travail appropriés. Ceci est tellement vrai
et si bien prouvé par l'expérience,
que c'est à l'application de ces principes que nous devons la race arabe,
et plus près de nous, la race de pur-
sang de course, races dont l'éloge n'est
pas à faire. Aujourd'hui même, n'est-
ce pas par une sélection attentive des
conformations et des aptitudes que se
développent ces familles françaises de
trotteurs, dites de demi-sang, mais
qui, en fait, sont si près du sang que,
seul, un byzantinisme métaphysique
enfantin leur dénie leur réelle qualification.

Ces exemples portent en eux-mêmes la condamnation des méthodes du croisement intermittent et du métissage usuel, qui n'ont, d'ailleurs, encore donné aucune preuve de leur valeur transformatrice utile et de leur faculté de créer des races nouvelles équilibrées et douées de fixité et de suite. On s'en rend facilement compte en observant les résultats de ces systèmes en Bretagne.

Que nous a apporté l'Anglo-Normand? La tête, plus légère quelquefois, l'encolure plus souple et plus mince, l'épaule plus longue et plus oblique, en un mot l'avant-main plus distinguée ; très souvent aussi, la poitrine resserrée, la côte plate, le rein étroit. Mais la croupe est restée bretonne, large, courte et ramassée, les hanches, toujours fortes et hautes, saillissent d'autant plus que le rein est plus tranchant et le flanc plus creux, par suite de la chute des côtes. En résumé, l'arrière-main est plus large que l'avant-main, et les bipèdes latéraux ne sont plus dans un même plan vertical parallèle à l'axe. Or à

l'épaule longue et oblique doit corres-
pondre la croupe également longue et
étendue, pour que les actions soient
corrélatives et concordantes, que l'al-
lure soit régulière et facile, que l'im-
pulsion et la réception soient propor-
tionnelles ; la base de sustentation doit
figurer un rectangle et non un trapèze.
Sinon, que se produit-il ? Le décousu
des mouvements, le bercement et le
traquenard, puis finalement l'usure
prématurée des membres. Signalerai-je
enfin ces têtes étroites et busquées,
dons encore trop fréquents de la Normandie, ces membres trop grêles pour
le poids du corps, à tendons faillis et
à jarrets avariés, ces ventres levrettés,
indice d'une capacité digestive altérée,
puis, sans préciser davantage, la dia-
thèse de cette maladie constitutionnelle
qui se répand partout à la suite de
l'invasion normande.

Cette esquisse n'est nullement une
œuvre d'imagination ou de parti pris ;
elle représente le type concret moyen
produit par l'Anglo-Normand et la jument bretonne forte, comme il n'est
que trop facile de le vérifier soi-même.

Pense-t-on qu'une telle création puisse faire prime sur les grands marchés de luxe et de la mode ? Est-ce là le carrossier qui doit chasser des écuries de nos grands marchands cosmopolites le Hanovrien et le Mecklembourgeois fashionnables ? Avons-nous trouvé le trotteur de style, engouement du jour, qui doit détrôner l'Américain ? Reconnaissons que ces prétentions sont vaines, même réduites dans les plus larges proportions. L'Anglo-Normand ne nous donnera ni le carrossier, ni le trotteur de classe.

Prenez des Halo, des Gaspard, des Octave à Hennebont, prenez des Kaviar, des Héliothrope, des O'Connel à Lamballe, tous descendants d'auteurs réputés, le résultat sera négatif, pour ce motif supérieur qu'il y a incompatibilité de conformation chez les procréateurs. Sommes-nous plus heureux dans l'alliance de l'Anglo-Normand avec notre race de la montagne? Si, comme longueur et direction des lignes, la différence de conformation est moindre que pour la race de trait, il ne se dresse pas moins, en face du but à atteindre, une barrière des plus difficiles à franchir ; ce sont les conditions nécessaires d'ampleur et de développement corporel que notre race légère, même amenée à sa limite supérieure, ne saurait remplir.

Dans un cas comme dans l'autre, l'échec de la spéculation s'explique. Mais la preuve matérielle, criterium de toute théorie, existe et a été constatée par des chroniqueurs hippiques qui suivent le mouvement du demi-sang en Bretagne et déplorent la voie où notre élevage s'est engagé.

Chaque année, à l'automne, l'Administration des Haras procède à des achats d'étalons à Landerneau. Là se donnent rendez-vous les fervents du demi-sang et les éleveurs de cette catégorie y produisent la fleur de leurs écuries. Sur un chiffre de 130 à 120 étalons annuellement présentés, l'Administration en achète une dizaine environ. Direz-vous que le nombre si minime des achats est intentionnel et a pour but de reporter les crédits sur d'autres contrées plus privilégiées ? La supposition peut être vraisemblable, mais il n'en est pas moins réel que le choix n'est pas de qualité qui s'impose. Que deviennent les animaux refusés et à quel prix les écoule-t-on après castration? Direz-vous encore que l'Administration, après vous avoir poussé dans la voie du demi-sang, a le devoir de vous récom-. penser de votre soumission et de vos efforts? Douce candeur, de vous imaginer que cette institution se soucie de vos intérêts particuliers! Elle poursuit la généralisation d'un type que sa doctrine a enfanté; elle le veut conforme à ses vues et emploie ses puissants moyens de pression administrative pour atteindre son but, mais elle ne se juge nullement tenue à en garantir le placement. Le titre d'élevage national, dont on pare son œuvre, suffit à sa gloire. Sa conduite est-elle blâmable? En principe, non, puisque chacun pour soi. Ce qu'il y a surtout à blâmer ici, ce sont ceux qui s'y laissent prendre. C'est à l'éleveur qu'il appartient d'examiner s'il est avantageux ou non pour lui d'adopter telle ou telle méthode, d'en peser les conséquences, puis de fixer les bases de son industrie. En cette question, il doit avant tout faire appel à son jugement, à son initiative et se défier des entraînements irréfléchis et des conseils trop souvent intéressés. Je sais que c'est une nouvelle éducation à faire, de vieilles habitudes de somnolence et de paresse à secouer, une substitution de tendances et de sentiments à opérer. C'est peut-être difficile, mais c'est nécessaire. Quand cesserons-nous de mendier des lisières ? Quand nous déciderons-nous à confier le soin de nos intérêts au jugement, au lieu de copier des formules dogmatiques, impuissantes à se plier aux nécessités variables de la pratique ? N'aurons-nous donc jamais l'initiative de ne prendre conseil que de nous et de marcher dans la voie qui nous est tracée par notre situation particulière ? Y a-t-il des règles fixes et immuables dans l'industrie agricole ?

Pourquoi l'éleveur breton suit-il les conseils qui le sollicitent de faire le carrossier et le trotteur, alors que ses races indigènes sont réfractaires à la fabrication de ces types, tels qu'on les demande aujourd'hui? N'est-ce pas un peu par orgueil, afin d'avoir, lui aussi, une production dite plus noble et plus cotée aux annales de la mode hippique? Mais n'est-ce pas surtout par obéissance à une autorité qui lui en impose et qu'il n'ose discuter, se la figurant impeccable et dispensatrice de toute faveur et de tout profit. A-t-il réfléchi à cette concurrence redoutable de ses puissantes voisines, la Normandie et la Vendée, qui sont, elles, armées pour la lutte, qui ont en main tous les éléments de succès, et qui, cependant, voient leurs débouchés réduits par l'invasion du carrossier étranger, anglais, allemand et américain. Que peut faire notre pseudo-carrossier breton en face de tels rivaux? N'espérez pas que sa vente puisse jamais compenser les lourdes dépenses que nécessitent l'élevage et le dressage du cheval de luxe! Comptez-vous sur les fils de Kerisper pour détrôner la descendance normande de Fuschia?

Sans doute, on peut élever des trotteurs en Bretagne, comme dans tout
pays d'élevage, d'ailleurs. Mais ces
trotteurs ne seront ni de race, ni
d'origine bretonnes ; ils seront tous
d'importation étrangère. Il suffit d'examiner les pedigrees des sujets que
quelques éleveurs bretons font trotter.

Mais, m'objectera-t-on, la r a ce bretonne trotte, cependant. C'est vrai,
mais il y a trot et trot et ces deux
genres d'allures diffèrent essentielle-
ment. Le trait léger breton trotte,
même souvent très vite et très longtemps, car son énergie est inépuisable
lorsqu'il a été bien élevé. Mais son
trot est un trot de répétition que lui
imposent sa conformation et sa constitution à intensité de contraction. Or
ce n'est pas là le trot exigé du trotteur de style, qui doit posséder l'action, c'est-à-dire l'amplitude du mouvement que permet seule l'étendue de
la contraction musculaire. C'est ce que
nous avons cherché à expliquer plus
haut, au sujet du croisement irration-
nel et du métissage, méthodes que

nous jugeons inefficaces précisément en raison des conformations divergentes mises en conflit. C'est là qu'il faut voir la raison de l'échec qui attend la production du trotteur en Bretagne. Pour nous, qui n'envisageons que l'intérêt général et non l'exception, nous ne pouvons nous associer aux plaintes de certains éleveurs, qui réclament de l'Administration des Haras un plus grand nombre d'étalons trotteurs de tête. Nous trouvons, au contraire, qu'il n'en existe déjà que trop. Nous pensons que la satisfaction d'une préférence individuelle ne saurait justifier le bouleversement voulu et le trouble intentionnel apportés par des tentatives chimériques à la constitution et à la vitalité d'une race entière. Que les fervents de spécialités se les procurent là où on les fait, et ils seront assurément mieux servis! Sinon, qu'ils gardent pour eux leurs expériences et n'entraînent pas à leur suite de malheureux éleveurs qui ont besoin d'un élevage rémunérateur et que leur exemple et leurs conseils mènent à la ruine ! C'est la conclusion qui s'impose en présence des résultats obtenus dans l'emploi du demi-sang anglo-normand.

A côté du demi-sang normand, l'Administration publique offre à l'éleveur breton le régénérateur de la race de trait. Nous avons vu que ces étalons étaient d'origine variée.

Un mot sur chacun d'eux.

Le Norfolk est déjà d'un usage ancien en Bretagne. Qu'est au juste ce cheval ? Ce n'est pas une race, mais un produit manufacturé (c'est le terme exact) dont l'Angleterre a le monopole, un article d'exportation, surtout à notre usage, je crois, à peu près exclusif, et que nous payons fort cher. Réussi, il se présente bien, c'est incontestable ; il possède même parfois une puissance individuelle très réelle et imprime à sa descendance directe un cachet caractéristique . Mais cet étalon, métis entre tous, n'a pas de racines , et, ainsi que le constate à regret Mr Gayot, son fervent admirateur pourtant, il n'est point chef de famille ; il n'existe d'ailleurs pas de juments Norfolk, cet article ne se fabrique pas! A la 2ᵉ ou 3ᵉ génération il ne reste plus trace de son action.

C'est bien ce que l'on peut remarquer chez ces métis qui portent encore le nom de Norfolk-breton, mais qui, en réalité, sont redevenus absolument et uniquement bretons. Aussi, malgré la faveur dont il a été et est encore l'objet, je ne vois pas de raisons nécessaires et suffisantes pour préconiser ce reproducteur doué d'une impression aussi fugace et aussi aléatoire, qui ne peut donner à l'industrie qui l'utilise ni la fixité, ni la suite indispensables, à mon avis, aux opérations de production.

Le Percheron et le Boulonnais sont les chevaux de trait par excellence, et leur réputation n'est pas discutable.

C'est grâce à l'intelligente initiative et au jugement de leurs éleveurs que ces deux races se sont conservées intactes et se sont améliorées en elles-mêmes au point où nous les voyons ; exemple lumineux des bienfaits dus à un élevage judicieux, et bien digne d'être suivi ! Vigoureux, énergiques, de conformation et d'aptitudes similaires à celles du breton fort, ces chevaux constituent des éléments de croisement logiques, particulièrement le Boulonnais dont le type se rapproche davantage de celui de nos chevaux. Si l'on pense devoir recourir au croisement, c'est évidemment là qu'il faut puiser. Nous ne saurions donc, à ce point de vue, reprocher à l'Administration des Haras d'avoir introduit en Bretagne des reproducteurs aussi conformes au modèle de la population indigène. Mais nous lui reprocherons toutefois de les avoir introduits au détriment de la race bretonne elle-même, qui n'est pas disparue, que je sache, qui possède encore sa vitalité, et qui méritait, il semble, d'être représentée par un nombre plus notable de ses membres.

Nous avons constaté, en effet, que sur les 220 chevaux du Dépôt de Lamballe figuraient, tout juste, 6 étalons d'origine bretonne; et encore sait-on ce que vaut cette origine ? Cette exclusion est-elle systématique ou imposée par le manque de ressources ? Je ne saurais admettre ni l'une ni l'autre de ces raisons. La première, parce qu'elle serait par trop tendancieuse et que la race bretonne ne mérite pas cet excès d'indignité ; la seconde parce qu'elle n'est pas fondée. Je n'insiste pas davantage en ce moment, me bornant à poser la question qui s'élucidera sans doute un jour.

Par modification aux errements qui avaient cours autrefois, et dont l'application a donné les résultats fantastiques présents à toutes les mémoires, comme croisement avec la race bretonne de trait, le pur-sang anglais est aujourd'hui plus particulièrement affecté aux centres d'élevage du cheval léger de la montagne, tels que Quimper, Carhaix, Rostrenen, Corlaix. Cette répartition est d'ailleurs conforme au programme officiel adopté pour les régions qui élèvent le cheval de selle destiné à la remonte de la cavalerie légère. On sait que le grand grief articulé contre toutes nos

races légères est le manque de taille.
En outre, la cavalerie réclame aujour-
d'hui une vitesse supérieure. Je ne me
dissimule pas combien je serais mal
venu, moi profane, de suspecter des
vérités actuellement lumineuses et de
douter des exigences impérieuses de
l'heure présente.

La taille des montures est devenue
une nécessité pour la cavalerie légère;
les documents relatifs au recrutement
de l'Armée nous ont, en effet, révélé
cette manifestation, aussi imprévue
qu'intempestive, du développement a-
normal de nos jeunes soldats qui rend
actuellement inutilisables ces races légères que nos frêles ancêtres ont pro-
menées, triomphants, sur tous les
champs de bataille de l'Europe. Nous
savons également, par les études aussi
savantes que pratiques qui viennent de
passionner l'opinion au sujet de la vitesse
comparée du galop des chevaux français
et allemands, que cette vitesse dans la
charge est devenue le facteur essentiel
pour aborder avec succès l'infanterie
soutenue par son tir rapide, procédé tac-

tique qui semble devoir être efficacement utilisé dans les guerres de l'avenir. Ces considérations ont déterminé l'adoption du pur-sang anglais, principalement, comme seul capable de produire des montures répondant à ces désiderata.

Je m'en voudrais de dénigrer la race du pur-sang anglais, cette brillante création de l'intelligence et la persévérance anglaises, ce type incomparable comme cheval de course de galop et sans rival dans cette spécialité. Je demande seulement qu'on veuille bien le laisser à sa spécialité et ne pas abuser de la légende pour en faire une panacée universelle. Il y a loin du pur-sang, tel que nous le voyons aujourd'hui, au pur-sang tel que l'avaient créé les anglais, et on se demande ce que sont devenus ces animaux, de tout point irréprochables, dont William Youatt nous a laissé la description. Ce type a disparu par l'abus de la vitesse et ne revit plus, malheureusement. Aussi, en l'état actuel et en dehors des exceptions rares, je me refuse à l'admiration de commande de ce bloc régénérateur, voué à la reconstitution impitoyable de toutes les races chevalines, quelles qu'elles soient. Je proclame mon manque absolu d'enthousiasme pour les représentants fin de XIXᵉ siècle de ce sang noble « source de toute faculté morale, véhicule de tous les éléments de force, agent essentiel, cause première de toute trame organique. » Ces déclamations ampoulées et légèrement grotesques vous laissent rêveur et sceptique lorsque vous contemplez la multitude de ces claquettes de sang noble sur les hippodromes, et ailleurs, et vous vous laissez inconsciemment envahir par des doutes amers sur la correction des pedigrecs et l'impeccabilité du Stud-Book. Ce que ces seigneurs décadents transmettent le plus fidèlement à leur descendance, c'est une irritabilité maladive contractée dans un travail hâtif et excessif, c'est la taille, mais la taille produite par la hauteur du membre dont elle exagère la faiblesse, ce sont leurs exigences de raffinés, tous défauts incompatibles avec les rigueurs d'un service de guerre.

Je suis loin de médire de la taille, mais je ne saurais en faire un mérite qu'à une condition, c'est qu'elle soit en harmonie avec la conformation générale et la puissance musculaire. Je suis loin de mépriser l'énergie, bien au contraire, mais l'énergie n'a rien de commun avec la nervosité.

Qu'on me permette une observation toute personnelle.

J'ai eu l'occasion d'examiner de très près et de voir à l'épreuve, à environ vingt années de distance, deux régiments de cavalerie légère remontés tous deux en chevaux provenant des remontes de Tarbes. Bien que l'intoxication anglaise fût déjà manifeste, le 1er de ces régiments contenait une majorité raisonnable de chevaux de ce type ancien de Tarbes et du Gers, de taille moyenne, mais bien établi, côte ronde, rein large, membres impeccables, fond inépuisable. Le 2e régiment présentait le genre actuel de Tarbes mis à hauteur des exigences contemporaines, c'est-à-dire la silhouette falote du pur-sang ; taille élevée, poitrine étroite, rein mal

soudé, flanc retroussé, membres grêles.
Par l'effet du hasard, je possède encore
aujourd'hui deux chevaux provenant
chacun d'un de ces régiments ; l'un a
1^m52, il a 25 ans, c'est dire qu'il a
fait un bon service, il travaille encore,
et, sauf des mollettes, a ses membres
de cinq ans ; le second a 1^m61, 11 ans
et trois membres claqués ou ornés d'ara-
besques, il s'épuise en une agitation
constante, mange mal et est incapable
de faire un service un peu pénible ;
mais il a du brio, c'est un voleur.

La comparaison de ces deux spéci-
mens représente exactement le chemin
parcouru dans l'amélioration de nos
races légères, par l'intervention du pur-
sang anglais. Je n'exagère en rien la
physionomie de la situation, qui est
d'ailleurs de notoriété vulgaire. Le pur-
sang anglais de choix a été employé
avec succès en croisement avec certaines races puissantes, membrées et
de conformation sympathique, c'est un
fait. Qu'on le réserve donc là où il
peut être utile. Mais avec nos races
légères, il est indubitablement perni-

cieux ; c'est aussi un fait. Ce qu'il a causé de mal à nos races du Midi, il le fait et le fera toujours à notre race légère de la montagne, identique aux premières. A aucun point de vue, je ne puis donc admettre son emploi dans le pays, d'où il devrait être résolument écarté.

Mais, dira-t-on peut-être, la remonte de la Cavalerie légère demande des produits très près du sang. L'éleveur de ces produits doit donc lui donner ce type, sous peine de lèse-patrie !

L'insinuation, en vérité, n'est pas neuve ; elle n'en a pas plus de valeur, étant uniquement une plaidoirie pro domo.

L'École, dont les remontes suivent docilement les théories, aurait-elle par hasard le monopole du patriotisme ? Aurait-elle également le monopole de l'omniscience technique quant au rôle de la cavalerie à la guerre ? Qu'elle ait cette prétention, avec bien d'autres, c'est possible, mais qu'elle soit fondée à l'imposer, non. Aussi bien, il est une question de principe des plus sé-

rieuses qui domine tout le débat relatif à la régénération des races de
service par le pur-sang. La cause première et génératrice du mouvement
se trouve dans la maladie des courses,
maladie qui, inoffensive au début, alors
qu'elle était circonscrite à un cercle
spécial et restreint, a, depuis, revêtu
un caractère épidémique, puis virulent,
et enfin est aujourd'hui devenue constitutionnelle. Qu'on veuille bien se con-
vaincre que je n'ambitionne nullement
la dignité d'empêcheur de danser en
rond, et que j'admets fort bien que
les gens s'amusent des courses. Je ne
combats pas plus ces goûts au point
de vue moral, n'ayant pas davantage
de prétentions au rôle de moralisateur.
Le Français décadent qui réclame le « pa-
nem et circenses » du Romain simi-
laire m'importe fort peu ; nous avons
encore des tribunaux, qui ne chôment
pas, d'ailleurs, en matière d'améliora-
tions à la race chevaline. Mais je con-
damne les tendances actuelles au point
de vue de leur action nocive sur l'a-
venir de notre production et sur la

prospérité nationale. Je combats cette affection cérébrale pour l'esprit d'envahissement systématiquement intransigeant auquel elle a donné naissance, pour les déductions spécieuses et fausses qu'elle a provoquées, pour les principes aussi absolutistes qu'expérimentalement réfutables dont elle a imprégné l'enseignement hippique sous toutes ses formes et dans tous les milieux, académies, écoles, public.

Cet enseignement, qui repose sur le dogme de la dégénérescence progressive de toutes les races chevalines actuelles, hormis le pur-sang, et dont les préceptes sont, par conséquent, entachés d'un vice de principe, a, malheureusement, obtenu la consécration officielle, considération suprême pour nous, Français, aussi jaloux de nos prétentions à l'indépendance critique que prompts à sacrifier celle-ci aux pieds du premier augure venu. C'est ainsi que ces doctrines, présentées comme le symbole de la vérité, ont revêtu un caractère hiératique et ont acquis force de chose jugée. On sait avec quelle

intensité la première direction in-
tellectuelle fixe son empreinte. Ici, cette
impression originelle se fortifie chaque
jour par les lectures sportives, les conver-
sations mondaines et la vie journalière
au contact de cette excellente gent mou-
tonnière, exclusivement avide de par-
fums exotiques et de formules toutes
faites. A ces causes du succès de cet
enseignement se joint une dernière,
peut-être la plus déterminante, c'est la
mode, cette puissance d'autant plus
tyrannique et respectée qu'elle est
moins justifiée et moins légitime. Voilà
la genèse et le processus de ce dogme
de l'infaillibilité universelle du pur-sang.
Dans son application à la régénération
de nos races légères dans le but de
servir la cavalerie, l'erreur a été absolue, je le répète. On aurait pu le
prévoir, en se souvenant des expériences du passé qui concluent à l'inap-
titude des chevaux de pur-sang, ou des
métis près du sang, à supporter les
conditions ruineuses qui attendent la
Cavalerie en campagne. La Cavalerie
anglaise en a fourni l'exemple décisif
en Crimée.

Il y a lieu d'être surpris que l'École
du pur-sang, qui n'a sans doute pas
fait la guerre, ou, du moins, pas avec
ce cheval, ait cru pouvoir, d'un cœur
léger, détruire nos races éprouvées,
pour la simple satisfaction de ses préfé-
rences personnelles. Nous nous croyons
donc le droit absolu de réprouver ses
méthodes et de conseiller aux lecteurs,
qui voudront bien nous lire, de s'abs-
tenir de les suivre.

Puisque la race légère de la montagne
bretonne est de même souche que la
race arabe, il semblerait [naturel] et de
puiser dans cette race ara[be le]s éléments d'amélioration qui peuvent et
doivent, en effet, y exercer une influence salutaire. Ce serait, en vérité,
chose aisée à la France, qui par ses
possessions et ses rapports avec le
monde musulman, a toutes facilités à
cet égard.

Mais c'est, sans doute, trop compter
sur la logique. On a découvert que le
cheval arabe était trop petit, et comme
nous savons que la petite taille est le
cauchemar de nos hippologues, on l'a

impitoyablement écarté. Il n'y a pas un seul étalon arabe en Bretagne, précisément parce que sa place y était indiquée.

L'Anglo-Arabe, ce pur-sang français, comme on l'a nommé, dans un accès de futile vanité nationale, est plus heureux que l'Arabe, car il a deux représentants. Qu'est-ce que l'Anglo-Arabe? Le produit de deux auteurs, l'un anglais, l'autre arabe. Or, chacun sait que le cheval de course anglais n'est qu'un cheval arabe modifié par un milieu, une gymnastique et un régime particuliers. Donc, anglais, arabe, anglo-arabe sont des termes désignant des variétés d'une seule et même famille, qui se distinguent par des nuances artificielles de conformation et le tempérament, dû à la différence des éducations. L'anglo-arabe tient, soit de l'un, soit de l'autre, de ses procréateurs; il présente tantôt le type et le caractère anglais, tantôt le type arabe ; car, fait digne de remarque, la fusion des types est rare et les nuances sont presque toujours nettement tranchées.

Dans l'emploi de ce régénérateur, il y a donc lieu de distinguer ; si l'anglo-arabe du type anglais doit être éliminé, pour les raisons que nous avons signalées plus haut, au sujet du pur-sang anglais, il n'y a aucun motif pour ne pas utiliser l'anglo-arabe de conformation arabe, et au même titre que le pur-sang arabe.

Nous venons de passer en revue les diverses catégories de reproducteurs que l'Administration de l'État met à la disposition des éleveurs en Bretagne. Mais ces étalons entretenus dans les Dépôts ne semblent pas en nombre suffisant pour assurer la production. Afin d'y remédier dans la mesure du possible, l'Administration approuve et autorise des étalons privés qui ont la faculté de faire la monte. Comme ces animaux sont destinés à continuer l'œuvre administrative, que les autorisations et les approbations sont à l'absolue discrétion de l'Administration, la majorité, sinon l'unanimité, de ces étalons descendent de chevaux appartenant à l'État. Ils viennent donc s'ajouter aux étalons officiels et leur action sur la production est de même nature.

Enfin, bien que les faveurs que procure l'emploi des étalons de l'Etat deviennent recherchées, grâce à l'octroi des cartes d'origine, des primes etc, dans beaucoup de cantons l'éleveur a encore recours aux étalons privés, dits rouleurs, d'origine bretonne. Il n'y aurait rien à dire, en principe, sur cet usage, si ces étalons étaient de valeur ; c'est ainsi qu'on opère dans le Perche et l'on s'en trouve bien. Malheureusement il n'en est pas toujours ainsi en Bretagne ; trop souvent, ces animaux sont fatigués par le nombre exagéré de saillies qu'ils effectuent et deviennent inféconds. De plus, beaucoup sont tarés et ne présentent pas de suffisantes garanties contre les vices redhibitoires, entre autres la fluxion périodique, qu'ils propagent avec une effrayante intensité. Leur emploi doit donc être réservé et précédé d'un examen méticuleux.

Jusqu'ici nous n'avons parlé que du père, et il faut convenir qu'en fait la doctrine officielle de la génération considère comme prépondérant, sinon exclusif, le rôle du père comme améliorateur. De la mère on s'occupe peu, et la preuve péremptoire en est que les stations de monte sont accessibles, sans restrictions, à toutes juments, quelle que soit leur valeur comme poulinières. Cette théorie, qui ne repose sur aucune base d'ailleurs, est loin d'être acceptée par un grand nombre d'éminents zootechniciens, tels que Magne, Baudement, Sanson, qui accordent à la mère au moins autant d'action qu'au père dans l'acte de la reproduction.

De récentes études, empreintes d'un caractère de précision expérimentale indéniable, viennent de corroborer cette dernière opinion, en établissant que la part d'influence héréditaire de chaque parent direct (père et mère) est égale et de 1/4 seulement pour chacun; celle de chaque grand parent de 1/16; de chaque arrière grand parent de 1/64 etc, la somme des hérédités étant représentée par 1. La part d'action de la mère surpasserait même celle du père, si l'on tient compte de l'influence strictement personnelle de la mère pendant qu'elle porte et nourrit son fruit.

Le choix de la mère prime donc celui du père, et c'est ce dont semblent trop souvent se désintéresser les éleveurs. Si l'on veut obtenir une production d'élite, susceptible de rendre des services et d'une valeur à couvrir les frais d'élevage, il est absolument indispensable d'éliminer toutes les juments insuffisantes. Nous serions heureux de voir l'Administration des Haras entrer dans cette voie générale, et, en qualité de guide patenté de l'éleveur, commencer par donner l'exemple. Cette réforme urgente a déjà été signalée, et, est-il besoin d'ajouter, sans aucun résultat, naturellement.

De l'Élevage.

Nous n'avons encore examiné que la production.

Mais il y a deux natures d'opérations à considérer dans l'industrie du cheval : la production d'abord, d'après l'ordre naturel, qu'il y a lieu toutefois de classer comme d'importance la plus faible, malgré les idées généralement admises et soigneusement entretenues ; ensuite, l'élevage proprement dit. Le poulain une fois né, il faut l'amener à destination. La nature, seule, a accompli la première œuvre ; à l'homme, maintenant, d'intervenir, en faisant converger les forces naturelles vers le but définitif, soit le maximum de rendement utile. Qu'on ne s'imagine pas que le poulain progressera tout seul et par l'unique vertu de son origine ! Rien de plus funeste que ces illusions.

L'exemple des chevaux vivant en pleine liberté démontre péremptoirement la dégénérescence qu'amène un pareil régime, et nous avons encore tous présente à la mémoire la fâcheuse expérience faite par l'Armée de l'importation des chevaux de la Plata. L'action efficace de l'homme se révèle, au contraire, de la manière la plus saisissante chez les races les plus renommées.

Lisez ce qu'écrit au sujet de la race anglaise le savant hippologue Percivall : « La grande cause des succès que nous avons obtenus est dans la direction savante et persévérante imprimée à l'élève du cheval. C'est par là que je m'explique, non seulement que nous ayons trouvé une race primitive de qualité supérieure, mais encore que cette race ait été progressivement et incessamment perfectionnée dans ses produits par la nourriture, l'éducation et la sélection la plus scrupuleuse. Ces trois circonstances, la dernière surtout, ont exercé plus d'influence sur les qualités de la race que les caractères originels ou les attributs des parents. »

Il en a été de même, et bien auparavant, pour la race arabe. La légende qui veut fixer l'Arabie Pétrée comme berceau

de cette race, permet aussi à l'imagination de supposer que le fameux
buveur d'air, le fils du désert, a
pour élément vital l'immensité sa -
blonneuse. Toutes ces fables sont tout
au plus bonnes à bercer les naïfs.
La vérité, plus prosaïque, nous apprend
que les variétés les plus puissantes et
les plus recherchées de la race pro-
viennent des centres riches et fertiles,
tels que la Mésopotamie. Elle nous
montre encore l'éleveur oriental ne re-
culant devant aucun sacrifice pour assurer à ses produits l'alimentation la
plus forte, les soins les plus méticuleux et une sollicitude d'autant plus
scrupuleuse qu'elle est prescrite par le
Coran, qui ne connaît pas la tiédeur.
Nulle part, d'ailleurs, que je sache, le
cheval ne vit de cailloux et de sable,
et si le cheval oriental peut subsister
au désert, pour un temps mesuré, bien
entendu, le fait prouve simplement son
extrême endurance et sa grande so-
briété, dues à un entraînement et à un
régime appropriés aux nécessités de son
existence errante.

Les résultats obtenus dans l'élevage du cheval percheron et du cheval, dit perchisé, qui comprend des sujets de diverses races qualifiées cependant communes par les hippologues, fournissent un nouvel exemple de ce que peuvent l'alimentation et l'éducation judicieusement dirigées. Ils prouvent également que la méthode est efficace pour toutes les races et pour toutes les fonctions.

L'influence décisive de l'hygiène, de la nourriture et du travail est donc acquise, et c'est là que se trouve le secret d'une industrie prospère. On ne saurait trop se pénétrer de cette vérité, chaque jour plus évidente et plus reconnue, grâce au développement des sciences naturelles.

Et pourtant, ce facteur essentiel est encore trop souvent méconnu, ou plutôt, si l'on en pressent la valeur, on juge les déboursés trop lourds et les soins trop importuns. Une économie étroite et mal entendue, ainsi que la paresse, obscurcissent la notion de l'utilité, et l'on préfère s'en rapporter au hasard, qui n'a jamais rien rapporté.

Ce mal sévit cruellement en Bretagne. Combien de fois n'ai-je pas entendu dire : le Breton connaît et aime le cheval, mais il ne sait pas l'élever. Appréciation sévère, mais malheureusement exacte! Il importe de la modifier!

Quelles sont les critiques dirigées contre l'élevage breton? De l'avis général, le manque d'hygiène est l'écueil capital et le défaut le plus enraciné. En quoi consiste ce manque d'hygiène? Dans les défectuosités de construction et d'entretien des écuries, dans l'incurie des soins donnés aux chevaux. Que voit-on presque partout? Des écuries basses, chaudes, obscures, sans air ni lumière, au pavage irrégulier ou au sol recouvert d'un fumier séculaire, où les animaux restent en l'état de stabulation perpétuelle. Nous avons vu des poulains enfermés dans ces geôles, y passer leur jeunesse et nécessiter, au jour de leur délivrance, la démolition de la porte devenue trop étroite pour leur livrer passage.

Qui pourrait s'étonner, dans ces conditions, de trouver des animaux lymphatiques, aux aplombs irréguliers et aux pieds défectueux, causes de ces boîteries si fréquentes, éminemment prédisposés aux affections pulmonaires et aux maladies des yeux. La fluxion périodique, cette plaie de la Bretagne, ne proviendrait-elle pas, en principe, de cette stabulation prolongée dans un milieu humide, concentré et surchargé de vapeurs ammoniacales ? Le fait, qu'en dépaysant les animaux et en changeant leurs conditions hygiéniques, on arrive à les immuniser, tendrait à faire penser que ce n'est pas une maladie propre à la race, mais une affection de milieu. L'obscurité permanente des crèches n'explique-t-elle pas suffisamment ce caractère inquiet et ombrageux généralement commun aux chevaux bretons, simplement dû à une altération de l'acuité visuelle, mais si désagréable ou dangereuse qu'il déprécie, à juste titre, l'animal. La raison reste confondue en présence de la ténacité de semblables pratiques dont le moindre éclair de bon sens suffirait à démontrer les inconvénients.

Parlerai-je des soins de propreté et du pansage, si nécessaires pour assurer les fonctions de la peau, activer la circulation du sang et les échanges moléculaires, et par suite provoquer le développement intensif de l'énergie et de la force? en général, on s'en préoccupe assez peu, sous l'influence obsédante de ces légendes empiriques que ni le raisonnement, ni les faits, ne parviennent à déraciner.

Un autre facteur des plus importants de l'élevage est l'alimentation. Celle-ci, dès le jeune âge, doit être large et complète, comme qualité et comme quantité. Or, la réunion de ces deux conditions ne peut être obtenue que par une exploitation judicieuse du sol, par une culture avancée et soignée Car tout se tient dans l'industrie agricole, dont l'élevage du cheval n'est qu'une branche. Les prairies doivent être drainées, fumées et semées de graminées et de légumineuses de bonne qualité, pour donner un pâturage et un foin digestibles et toniques. Les grains doivent être purs, lourds et pleins ; pour procurer cet aliment de force indispensable au développement de la puissance musculaire ; ils ne doivent pas , en outre , être parcimonieusement mesurés. Enfin, le nombre des bêtes d'élevage doit être proportionné aux ressources de l'exploitation et au rendement de la culture.

Ces considérations sont-elles toujours observées ? Il serait téméraire de l'affirmer. Que de progrès sont encore à réaliser au point de vue cultural ? Que de tendances routinières à extirper , que d'idées héréditaires et fausses à arracher, qui brisent l'essor agricole du pays. On élève sur la lande , où l'on se demande ce que peuvent trouver les pauvres animaux réduits à une portion aussi congrue. On abandonne les poulains dans des prairies tourbeuses, refuge des carex et des joncs, où , noyés jusqu'aux genoux , ils s'épuisent à la recherche d'une nourriture problématique et malsaine et se ruinent les articulations. L'avoine, ils la voient fleurir de loin, mais elle figure rarement au menu. Tantôt, au printemps, c'est une surabondance qui amène la pléthore ; tantôt, en hiver, c'est la disette, et, avec elle, la misère physiologique et le rachitisme. Au moment de la vente, c'est l'engraissement intensif, qui ne trompe personne, mais qui déprécie la valeur réelle du sujet, en faisant craindre à l'acheteur d'être trahi par des apparences trop belles pour n'être pas suspectes. Croit-on que ce soit avec de semblables méthodes que l'élevage s'exerce avec fruit ? L'on s'étonne de voir ses produits rester étriqués et réduits de squelette, et l'on demande alors la taille et le développement à un père grand et corpulent, donnant du gros , suivant les maximes de l'hippologie.

Mais on ne veut pas comprendre que ces maximes sont illusoires, tant qu'on ne modifiera pas le système d'alimentation. Ce n'est pas le père qui donnera seul la taille et la puissance d'organisme ; c'est l'abondance , c'est une nourriture substantielle, régulièrement continuée et répartie avec discernement. Les poneys des Schettlands, qui sont de la même race que le fort cheval breton, atteignent à peine la taille d'un petit âne. Pourquoi? Parce qu'ils sont misérables, exposés à toutes les inclémences d'un climat rigoureux et qu'ils ont pour toute nourriture quelques mousses et des poissons crus. En Bretagne même, ne voit-on pas trop souvent des chevaux, toujours de la même origine, mal venus, étiolés, rabougris, mesurant 1^m35 ou 1^m40, et cela parce que leur développement a été arrêté par la misère et qu'ils ont végété sur quelque lande inculte depuis leur naissance? On se figure difficilement qu'ils sont frères de ces puissants animaux, comme on en voit parfois dans le Léon, et on se refuse à admettre que, comme eux, ils auraient pu atteindre la taille de 1^m65 et plus, s'ils avaient été soignés, nourris et élevés dans les mêmes conditions.

Telle est la règle générale qui n'a jamais failli, et ces considérations s'appliquent aussi bien à la race légère qu'à la race forte de la Bretagne, réserve faite, bien entendu, des limites de développement normal dans lesquelles peut se mouvoir chaque race particulière. Il est bien évident, en effet, que quelles que soient les mesures adoptées, notre race légère ne saurait atteindre le développement de notre race de trait, puisque sa limite maxima est zoologiquement inférieure. Mais le résultat sera semblable et proportionnel, les mêmes causes produisant les mêmes effets.

Il est une troisième obligation que l'élevage ne peut pas négliger : c'est l'exercice, le travail, le dressage, aussi indispensables que l'hygiène et l'alimentation. Habituer tout d'abord le poulain à l'homme, puis, graduellement et au fur et à mesure que ses forces s'affermissent, l'initier aux services qu'on en attend plus tard, c'est lui donner une plus-value ; car, plus il sera docile et maniable, et plus tôt il le sera, mieux il sera apte à remplir ses fonctions ; plus vite et mieux il sera dressé, plus il sera recherché. En outre, l'exercice, ou le travail réglé, est le contrepoids indispensable de l'alimentation forte que nous demandons ; là sont les deux termes du rapport d'équilibre entre les recettes et les dépenses. Nourrir fortement un élève sans lui faire prendre l'exercice nécessaire à l'assimilation utile de sa nourriture, c'est en faire une bête de boucherie, c'est-à-dire créer une inutilité industrielle ; faire travailler le poulain au delà de ses forces et sans en compenser la déperdition, c'est tarir la source même de la vitalité et, par conséquent, détruire le produit commercial. D'un côté comme de l'autre, il y a donc erreur économique et fausse spéculation, qui se traduisent à l'inventaire par des déficits et finalement amènent la ruine de l'exploitation.

Je ne voudrais pas faire aux éleveurs bretons le reproche général de faillir à ces principes, car beaucoup font intervenir le travail comme moyen de développement.

Toutefois, une critique pourrait être adressée ; c'est que souvent le travail est imposé trop tôt et n'est pas assez mesuré ; la fatigue très fréquente des

boulets et des paturons en est un indice
irrécusable. Le dressage n'est également
pas conduit avec la sollicitude et le tact
désirables, faute de connaissances suffisantes ; il est incomplet ou manqué,
d'où une dépréciation des produits qu'il
serait facile d'éviter.

CHAPITRE II.

De la direction à imprimer à la production du cheval breton pour assurer la prospérité de son exploitation.

Nous venons d'examiner les conditions actuelles de la production et de l'élevage en Bretagne, sans cacher ce qu'elles contiennent de défectueux et de nuisible aux intérêts du pays. Il y a certes beaucoup à faire, mais qu'on soit fermement assuré, aussi, qu'on peut faire beaucoup, et que le succès est là, sous la main, certain. Comment, et par quels moyens l'obtenir? C'est ce que nous allons rechercher.

Il est acquis que la prospérité de toute industrie agricole, et l'élevage du cheval

en est une des plus importantes, dépend
de l'exacte appropriation de la matière
exploitée au milieu naturel. Plus le milieu est favorable aux conditions d'existence et de développement de l'élément
base de l'industrie, plus l'exploitation
de celui-ci est facile, sûre et susceptible
d'extension.

D'autre part, on ne créée pas pour
l'unique satisfaction de créer ; il faut
que les produits puissent s'écouler sur
le marché et à un prix rémunérateur,
autrement dit, il faut avoir des débouchés assurés.

Ces deux propositions, tellement naturelles, que les rappeler confine à la
naïveté, ne servent cependant pas toujours de guide à la pratique. La raison
en est que ces notions simples sont trop
souvent obscurcies par des sentiments
complexes où la vanité, l'imitation, l'in-
souciance remplacent le jugement, au
détriment de l'intérêt. C'est ce qui s'est
produit pour la Bretagne, qui meurt de
ses erreurs, qui meurt pour n'avoir pas
voulu comprendre ses intérêts.

La Bretagne possède les deux éléments de succès que je citais plus haut : la matière exploitable et les débouchés. Cette matière exploitable, c'est sa race de trait, mais exploitée suivant sa destination naturelle et héréditaire, le trait.

Là est son seul rôle et il faut l'y laisser. Le trait, entends-je dire, fi donc! Ah! Je sais bien que c'est moins select, suivant le jargon sportif, mais c'est plus utile, suivant le langage de la raison, et je vais essayer de le prouver.

En dehors de la France, de l'Angleterre et de la Belgique, il n'y a pas dans le monde de races de chevaux de trait proprement dit. La France est particulièrement privilégiée, puisqu'elle possède quatre de ces races : race boulonnaise, race percheronne, race ardennaise, race bretonne. Parmi ces races les deux premières sont en pleine prospérité : la troisième, longtemps ruinée par les croisements, se ressaisit et est en voie de développement remarquable; la race bretonne, seule, qui tenait autrefois la tête de la production, s'éteint dans l'anémie.

Que celui qui raille l'éleveur du cheval

de trait adresse ses plaisanteries à l'éleveur du Boulonnais ! Croyez-vous que celui-ci s'en inquiète ? Ne sait-il pas que rira bien qui rira le dernier ! Est-ce par hasard que le Tzar s'est vu offrir les deux étalons boulonnais Sultan et Espoir ? Ne sait-on pas qu'il n'y a pas de races de trait en Russie, que la Russie est vaste, qu'elle est agricole et industrielle? Pensez donc à l'article débouché.

Vous imaginez-vous que l'éleveur du Perche ne sourie pas du carrossier trotteur, lorsqu'il exporte, au poids de l'or, ses produits en Amérique. Si l'exploitation de cette mine tend à baisser en ce moment, qu'il ne s'alarme pas ! Après avoir fait les yeux doux aux Suffolk, Norfolk et Clydesdale, l'Américain reviendra encore dans le Perche, parce qu'il en a besoin, parce que les familles percheronnes créées en Amérique ne se soutiendront pas et qu'elles demanderont, sans tarder, à être revivifiées par le sang ancestral pur. En attendant, d'ailleurs, le percheron ne manque pas de débouchés, tant intérieurs qu'extérieurs.

Si la race ardennaise en France continue à suivre le mouvement qui lui vient de la Belgique, son avenir est assuré. Là, en effet, une bonne jument se vend, sans difficultés, de 4 à 5000 fr., et l'Allemagne y a acheté récemment des étalons de trait à 12000 fr. et 18000 fr.

La porte est-elle fermée au trait breton ? Je ne le pense pas. Combien de poulains bretons sont-ils emmenés en Beauce à l'âge de 6 mois ou 1 an, qui, élevés de la même manière que les poulainspercherons, sont ensuite vendus sous l'étiquette de percherons authentiques ? Ils y ont acquis des qualités identiques, grâce à l'élevage judicieux dont ils sont l'objet. C'est donc qu'ils sont susceptibles de les acquérir dans leur patrie même et par les mêmes moyens. Depuis longtemps déjà, l'Allemagne ne vient-elle pas, en Bretagne, nous acheter nos chevaux de trait, tels qu'ils sont ? Quels prix n'en donnerait-elle pas s'ils étaient meilleurs ?

Les débouchés pour le trait sont vastes. M. Cornevin, l'éminent professeur de l'École Vétérinaire de Lyon, a constaté, dans ses voyages en Europe centrale, non seulement l'absence de races de trait indigènes, mais encore l'impossibilité, en raison des conditions climatériques, d'en créer au moyen d'importations de reproducteurs étrangers, le milieu s'opposant à l'acclimatation et à la perpétuation de leurs caractères chez les descendants. « Dans toute l'Europe centrale et méridionale, dit-il, cette perpétuation des caractères de race ne s'effectue pas. Dès la deuxième génération le train postérieur s'amincit, les cuisses et la croupe perdent de la musculature, les membres deviennent plus fins : aux troisième et quatrième générations, le train antérieur subit les mêmes changements. Il n'y a donc pas lieu de craindre que l'exportation actuelle implante des souches concurrentes, elle fournit des individus, mais non des familles. »

Ces renseignements ne doivent pas être négligés. Ils nous font connaître que l'ère des débouchés pour le cheval de trait, loin d'être fermée, ne fait que s'étendre. C'est l'Allemagne, l'Autriche-Hongrie, la Roumanie, les Balkans, l'Italie, la Russie, qui ouvriront leurs portes à nos belles et bonnes races de trait. Déjà la Belgique et l'Angleterre connaissent ce chemin. Il s'agit de suivre leur exemple, de lutter avec elles sur ce terrain avec nos armes au moins égales, sinon supérieures, de prendre une place honorable et fructueuse sur ce vaste marché. Que faut-il pour cela ? L'initiative, l'association, la création à l'étranger de postes commerciaux, qui renseignent sur les besoins, règlent les commandes, reçoivent et écoulent les produits. Serons-nous toujours les trop tard venus, et, dans cette lutte nécessaire pour l'existence, resterons-nous toujours impassibles et inertes, en contemplation fataliste devant l'évanouissement d'une fortune qui s'offre et l'écroulement de nos platoniques aspirations ? De l'énergie et de l'initiative !

Je n'ai pas parlé des débouchés intérieurs, des besoins du pays, qui réclament aussi le cheval de trait, cet utile auxiliaire qui fait défaut dans une grande partie de la France. Je ne parle pas non plus de la grande consommatrice, l'Armée, auquel le trait léger est indispensable pour traîner ses canons et ses convois. En ce moment, ce trait léger n'a pas la faveur des idées courantes et doit céder le pas à un type idéal, dont le demi-sang est la base. Cela tient sans nul doute à ce qu'on ne le connaît pas. Le jour où l'Artillerie trouvera une abondante remonte de ces postiers bretons endurants, énergiques et vigoureux, elle se déclarera satisfaite de la disparition du petit dragon dont la Normandie l'encombre généreusement.

Les débouchés sont donc largement ouverts à la production du cheval de trait, bien plus favorisé que le cheval de luxe ; car celui-ci dépend de la mode et de ses conventions, tandis que le premier a pour raison d'être la nécessité économique. Le développement des voies ferrées, les progrès de l'automobilisme, la passion générale du cyclisme atteignent bien davantage l'attelage de luxe et la selle qu'ils ne touchent le trait.

Malgré l'extension et le perfectionnement apportés aux machines mobiles, l'agriculture et les transports à petite distance réclameront longtemps encore le moteur animé, parce que ce moteur répond à des besoins spéciaux et variés, que la machine ne peut satisfaire.

Qu'on songe aussi que le cheval de trait paie mieux, comme disent les Anglais, que le cheval de luxe. Le cheval de trait est rustique, peu raffiné et gagne sa vie de bonne heure, par un travail qui n'est pour lui qu'une source de développement et d'amélioration. Son système nerveux, moins tendu, par la différence même des éducations, que celui du cheval dit de sang, l'expose à moins d'accidents de jeunesse; la moindre défectuosité, qui déprécierait à jamais celui-ci, n'influe sur sa valeur intrinsèque qu'au cas où elle diminuerait sa capacité fonctionnelle, car le premier doit être irréprochable au point de vue des exigences factices du jour tandis que le second est une utilité.

Enfin, si parfois le cheval de luxe atteint de grands prix, quelle est la

proportion des élus eu égard au nombre
des appelés qui sont loin de rapporter
ce qu'ils ont coûté. Toute compensation
établie, n'est-ce pas très souvent par
un déficit que se solde l'industrie, même
lorsque l'éleveur dispose des gros ca-
pitaux nécessaires à des opérations de
cette nature. Le cheval de trait se vend
moins cher, sauf exceptions, en tant
qu'unité ; mais le débit est moins aléatoire et un profit raisonnable réalisé sur
chacune des têtes donnera, en fin de
compte, un bénéfice global plus im-
portant.

Eleveurs bretons, défiez-vous des en-
trainements et laissez là les vaines illusions — Fermez surtout l'oreille aux
conseillers de la mode et n'écoutez que
votre jugement — Faites donc le cheval
de trait — Rendez à sa destination nor-
male cette race dont la nature a placé
le berceau à vos côtés et qui trouve
sous le climat et sur le sol qui l'ont
vu naître ses conditions fondamentales
d'existence et d'expansion, ce qui n'est
pas une considération de médiocre importance. Faites de bons chevaux de

trait, lourds ou légers, mais tous puissants, membrés et énergiques. Veillez à la conservation de votre race ; améliorez-la par une sélection rigoureuse des pères et des mères choisis parmi les types les plus semblables et les plus parfaits. Achevez l'œuvre par un élevage rationnel et vigilant, et je puis assurer que le succès ne vous fera pas défaut.

La race légère de la montagne se trouve dans une situation économique moins favorable que la race de trait, c'est incontestable. Race de selle surtout et d'attelage léger, elle souffre des changements survenus dans les moyens de locomotion et dans les mœurs. On ne monte plus à cheval que fort peu ; la diminution de l'intérêt de l'argent affaiblit les fortunes et ne permet plus au rentier simplement aisé, d'avoir l'équipage moyen qu'il entretenait autrefois.

L'armée est à peu près seule aujourd'hui à utiliser le cheval de selle léger. Et dans quelle proportion nous prend-elle nos chevaux ? En quantité tellement négligeable, que le peu d'importance de sa demande ne justifie pas une modification dans l'orientation de la production, dans le but de satisfaire ses exigences. En présence de cette situation, qu'y a-t-il à faire? Voici mon avis. Dans toutes les parties de la montagne où la culture peut être développée et poussée intensivement, et ces parties sont infiniment plus nombreuses que l'état actuel ne le laisse supposer, élever le cheval de trait, puisque ce dernier à l'avenir et est une source de bénéfices certains. En un mot, substituer l'élevage du trait à celui du cheval léger partout où le sol permet l'abondance et la richesse des cultures.

Ailleurs, et sans négliger la production des ressources alimentaires, base de tout élevage, conserver la race légère moins exigeante. Mais il importe de conserver cette race telle qu'elle est, d'écarter tout croisement ou métissage qui altérerait ses caractères, la première considération à observer étant de maintenir intactes ses qualités de vigueur, d'endurance et de rusticité si remarquables ; par conséquent, baser la pro-

duction sur la sélection ou faire appel
au pur-sang arabe ou anglo-arabe seul
qualifié ici. Qu'on n'oublie pas toutefois
que c'est dans les méthodes d'élevage
que se trouvera l'agent rénovateur par
excellence ; c'est la nourriture qui donnera l'ampleur et la taille relatives que
peuvent atteindre nos chevaux, sans leur
enlever leurs mérites ; c'est l'hygiène
et le travail qui les en feront profiter.
Il n'y a d'ailleurs pas deux méthodes
différentes pour arriver au même résultat, et ce qui a été dit au sujet des
chevaux de trait est ici applicable en
tout point. Conservez pure votre race
légère, élevez bien et ayez de bons
produits. Alors, on viendra à vous, car
la qualité a toujours le dernier mot.
On viendra à vous, quand on saura
trouver chez vous ces excellents chevaux
souples, robustes et infatigables, que le
snobisme méprise, mais que vengera le
retour immanent de l'opinion vers des
idées plus saines et plus pratiques. Je
ne crois pas aux fictions éternelles, et
j'ai trop de confiance dans la rectitude
de l'esprit français pour désespérer de
son réveil.

De la nécessité d'un Stud Book pour la race bretonne de trait.

L'exposé que je viens de faire a pour but d'établir que l'intérêt de la Bretagne est de consacrer ses forces naturelles à l'élevage du cheval de trait et de renoncer à la fabrication du demi-sang, voie décevante dans laquelle la pousse l'administration des Haras : de substituer au contrôle et à la protection officiels, tutelle incapable, l'initiative et la liberté industrielle, qui sont l'âme des entreprises fécondes. Mais, direz-vous, comment l'éleveur, habitué jusqu'ici aux lisières et désormais livré à lui-même, prendra-t-il confiance? Où s'adressera-t-il? Faute de renseignements, ne peut-il être trompé sur les qualités de l'étalon auquel il confie sa poulinière?

L'acheteur peut-il compter sur le poulain qu'il veut acquérir, s'il ne con-

naît les parents ? Autant d'incer-
titudes, autant d'aléas, autant de mé-
comptes possibles, puisqu'il n'existe
pas de bases d'appréciation. C'est exact.
Aussi est-ce cette base qu'il est nécessaire d'établir ; c'est cet organe de
renseignements qu'il faut constituer ;
c'est, en un mot, un Stud Book,
un registre généalogique, une liste
d'inscription, peu importe le terme,
dont la création s'impose pour la race
bretonne de trait. L'avenir hippique
de la Bretagne en dépend.

A l'heure présente, toute race digne
d'être conservée intacte a son livre.
Le Stud Book de la race percheronne
date de 1883, celui de la race boulonnaise de 1886, de la race ardennaise de 1891 ; il y a des Stud Books
vendéen, nivernais, du Maine et de
l'Anjou, même de l'espèce mulassière.

Je ne parle pas, bien-entendu, des
Stud Books officiels de demi-sang ins-
titués par l'Administration des Haras,
pas plus que de ce Stud Book général des chevaux de trait français, ima-
giné par un esprit aussi paradoxal que

fantaisiste. Ceux que nous avons mentionnés sont l'œuvre de l'intelligente initiative des éleveurs, œuvre dont la nécessité leur a été démontrée pour l'amélioration de l'élevage, le maintien et l'extension des débouchés commerciaux, la demande des acheteurs étrangers qui tous, aujourd'hui, exigent la preuve des origines et fixent leurs prix en conséquence. En présence du développement de ce mouvement et de la rapidité de cette évolution dans les mœurs commerciales, il est indubitable que d'ici peu de temps cette preuve sera de rigueur dans toutes les transactions, tant à l'intérieur qu'à l'extérieur. Eh bien! Seule entre toutes les races, la race bretonne ne possède pas de Stud Book! Voilà le fait, et on ne peut que le déplorer.

On dirait que nous avons à cœur de justifier le titre d'arriérés dont nous gratifie la légende! Il n'est cependant pas de région où l'on s'occupe plus du cheval qu'en Bretagne, où toutes les classes de la société s'intéressent davantage à l'élevage, où il existe, enfin, autant d'hommes capables, qui par leurs nombreuses relations de famille, et de voisinage, leurs loisirs de la vie de campagne ou leurs occupations agricoles, et leur traditionnelle et séculaire solidarité avec le cultivateur éleveur, soient plus qualifiés pour prendre en mains cette question et la mener à bien. Relever et restaurer notre race indigène, n'est-ce donc pas une œuvre digne de toutes les sollicitudes? Ramener aux populations rurales du pays une prospérité qui s'enfuit, n'est-ce pas un but assez élevé pour rallier tous les efforts? Quel terrain se prête mieux à l'entente et à l'union, dans cette commune pensée qu'il s'agit d'une tâche profitable à tous, sans étiquette!

A l'ouvrage donc et sans retard, car combien de temps déjà perdu! Certes, la matière est complexe et délicate. Mais d'autres ont abouti ailleurs; il n'y a aucune raison de prétendre qu'il ne puisse en être de même en Bretagne, puisque impossible n'est pas un mot breton. Il suffit de vouloir, et les volontés ne feront pas défaut, j'en ai l'assurance, en présence du but à atteindre. C'est la grandeur de ce but qui m'autorise à examiner les mesures qui pourraient être adoptées dans l'organisation d'un Stud-Book de la race bretonne de trait.

Principes d'organisation du Stud Book.

Que doit être un Stud Book et que doit-il comprendre ? C'est un registre généalogique sur lequel sont inscrits, sous un numéro d'ordre, et par leurs noms, d'une part, les étalons, de l'autre, les poulinières, de la race pure, présentant les qualités de reproducteurs de choix. On y ajoute tous les renseignements complémentaires capables d'éclairer la physionomie physique et morale du sujet : noms du père et de la mère — lieu de naissance — nom du propriétaire — âge — taille — robe — performances — primes obtenues dans les concours, la photographie de l'animal, ce qui constituerait une heureuse innovation appelée à rendre les plus grands services. La base fondamentale d'un Stud-Book, dont la valeur repose sur la confiance qu'il a le devoir d'inspirer, est l'honorabilité et la consciencieuse intégrité. Je sais bien que c'est de l'orthographe, mais comme il y a des gens qui ne savent pas la mettre, notre Stud-Book leur apprendra comment on doit s'y prendre.

Il est un point sur lequel je veux insister dès maintenant; c'est la garantie, au point de vue sanitaire et constitutionnel, que doivent offrir les animaux inscrits. On sait que la Loi du 14 Août 1885 sur la surveillance des étalons nationaux ne prévoit que deux affections rendant un cheval indigne de la reproduction : le cornage et la fluxion périodique. Il y en a cependant bien d'autres qui devraient motiver semblable exclusion, mais on n'en tient pas compte. Le Rapport annuel sur la gestion des Haras s'exprime ainsi à ce sujet : « Chaque année, des vœux sont émis par les Conseils Généraux dans le but d'augmenter l'importance de la mission confiée aux Commissions sanitaires et de permettre à ces dernières d'éliminer tout étalon qui, par la défectuosité de sa conformation ou par ses tares, paraîtrait, après examen, devoir être exclu de la production. S'inspirant des termes du rapport qui a précédé la discussion de la Loi et de la lettre même de cette Loi, l'Administration des Haras n'a pas cru devoir répondre à ce vœu, jugeant qu'il ne lui appartenait pas d'exiger plus que le législateur avait demandé lui-même. Il y aurait danger à ne pas limiter d'une manière précise les cas donnant lieu à l'interdiction de la monte. D'abord, l'hérédité des tares actuelles ou autres n'est pas absolument démontrée, et, ensuite, si les Commissions sanitaires jouissaient d'une trop grande liberté d'action, il pourrait leur arriver d'écarter des animaux appartenant à des races, à des types qu'elles pourraient considérer, à tort ou à raison, comme nuisibles dans telles régions, et de prétendre y imposer aux éleveurs tels ou ou tels modèles qui sembleraient préférables. »

Je livre, sans commentaires, aux méditations du lecteur cette merveille de dédaigneuse naïveté, qui peut se résumer ainsi : Ne touchez pas à la reine. Mais je relève cependant le passage relatif à l'hérédité des tares. Bien que, scientifiquement, l'hérédité des tares ne soit pas, en effet, absolument démontrée, ce qui est toutefois bien démontré, c'est que ces tares, éparvins, jardes etc, sont causées par les défectuosités ou la faiblesse des articulations qui les portent, et que ces défectuosités des articulations, elles, sont bien héréditaires. Les causes étant les mêmes, les effets seront identiques. Cela nous suffit pour être de l'avis des Conseils Généraux qui ont vu leurs vœux fondés rejetés avec cette désinvolture de talon rouge. Une telle manière d'agir, à l'égard d'Assemblées de cette importance et légalement qualifiées pour représenter les intérêts de leurs départements, ne pourrait que nous fortifier encore, s'il se pouvait, dans notre dessein de ne pas subir davantage une tutelle aussi despotique. Notre Stud Book échappera, j'espère, aux conséquences désastreuses de ces doctrines, en refusant impitoyablement l'accès de ses colonnes aux animaux non seulement corneurs et fluxionnaires, mais aussi aux tares, aux tempéraments lymphatiques et aux conformations défectueuses. Cette rigueur importe, avant toute chose, au succès de l'œuvre de régénération que nous poursuivons.

Un document aussi considérable qu'un Stud Book ne peut être le fait d'un jour et sa création est ardue. Nos débuts seront pénibles, il ne faut pas se le dissimuler, et d'autant plus difficiles que les esprits ne sont pas préparés. Nous avons tout abdiqué aux mains d'une Institution-Providence : indépendance, individualisme, et jusqu'au plus vulgaire souci de nos intérêts primordiaux, et avec une telle naïveté et un tel aveuglement que nous ne nous apercevons même pas combien nous avons été bernés. Remarquons, en passant, quelle expérience de socialisme pratique, bien qu'on n'y prenne pas garde ! Il faut donc d'abord ramener l'opinion et faire toucher du doigt aux égarés et aux apathiques la raison d'être, la portée et les avantages de l'institution au point de vue des transactions commerciales. C'est une propagande à faire, une campagne à mener. Pour cela, le concours dévoué et actif de toutes les personnes qui comprennent l'intérêt vrai du pays est indispensable. De ce concours, de la cohésion, de la direction de l'entreprise, en un mot, dépend le succès. C'est cette Direction qu'il s'agit donc de constituer tout d'abord. L'autorité et la valeur de ses décisions dépendront de l'observation des règles fondamentales suivantes : indépendance, qui seule permet de ne pas se laisser distraire du but, de se garder des sollicitations intéressées et de repousser les ingérences étrangères et tendancieuses : unité de vues et fixité des principes constitutifs : enfin, harmonie et appel sans restriction aux bonnes volontés et aux capacités. Que la politique surtout soit absente ! « La politique, hélas ! voilà notre misère, » disait Musset. Combien d'entreprises avortées, de résultats utiles compromis, d'espérances généreuses détruites par d'étroites et mesquines rivalités de clocher, fruits de la passion et de l'égoïsme!

A qui importent la production, l'élevage, puis l'usage du cheval de trait? A l'Agriculture, d'abord, qui produit, ensuite, au commerce et à l'industrie, qui consomment. Il ne saurait évidemment être question de recourir au patronage de l'Etat, représenté par l'Administration des Haras; d'abord, parce que cette administration a pour objectif unique le cheval dit de guerre, et que nous voulons nous consacrer au cheval agricole et commercial, dont l'Armée ne veut pas, et bien à tort; ensuite, parce que notre but est précisément de nous soustraire à des méthodes officielles qui compromettent nos intérêts. De quelle sphère d'action doit donc relever la Direction du Stud Book breton?

De l'agriculture, représentée par ses Sociétés et ses Syndicats. Si nous avions à émettre un vœu, ce serait celui de voir l'Association bretonne, cet organisme si

éminemment utile et si justement appré-
cié, prendre en mains et sous sa protection l'organisation et la direction de
cette œuvre. Ce serait un gage assuré
du succès, en même temps qu'une nouvelle page ajoutée à la liste des bienfaits dus à son heureuse influence. L'organisation et le fonctionnement du Co-
mité directeur, la recherche des types
et des renseignements les concernant,
enfin, les mesures pour assurer le contrôle, sont des questions d'ordre intérieur et administratif que je n'ai pas
à examiner.

Je me permettrai seulement quelques
considérations sur certains points spéciaux dont il semble utile de préciser
la valeur et la portée, à titre de di-
rectives dans l'organisation générale.

De l'inscription au Stud Book.

L'inscription d'un animal au Stud Book aura pour effet de le signaler à l'attention, d'augmenter sa valeur intrinsèque et de procurer à son possesseur une clientèle plus nombreuse, si c'est un étalon, une demande plus active pour l'achat des produits, si c'est une poulinière. Il y a donc avantage certain pour le propriétaire d'un animal inscrit. Une question se présente : l'admission au Stud Book doit-elle donner lieu à la perception d'un droit d'inscription, ou bien doit-elle être gratuite ? Ces deux modes peuvent se discuter. La perception, au profit de la Société du Stud Book, d'une rétribution modérée, pour tout animal inscrit, est rationnelle et légitime. Puisque l'inscription donne à l'animal une plus-value commerciale, il est équitable que le propriétaire, qui y trouve un bénéfice,

compense par un léger sacrifice les a-
vantages qu'il en retire. En outre, ces
perceptions permettent à la Société de
couvrir ses frais et de constituer un
petit budget qui pourra être employé
en allocations de primes d'encoura-
gement. Remarquons enfin que l'esprit
humain est ainsi fait, qu'on ne considère
réellement comme d'importance et de
valeur que ce qui se paie.

On fera peut-être les objections suivantes : Si l'inscription se paie, tout
éleveur, possesseur d'une bête quelconque, ne se croira-t-il pas autorisé
à en réclamer l'admission au Stud Book,
en vertu du principe politique, donnant donnant, et ne peut-on pas craindre
alors de voir le registre deshonoré par
des animaux de qualité inférieure ?
D'autre part, des éleveurs, possédant
des sujets dignes à tous égards de
l'inscription et d'une valeur utile à
l'amélioration de la race, ne préfère-
ront-ils pas renoncer à l'inscription
plutôt que de payer le droit ? Bien
que ce dernier cas puisse se produire,
car tout arrive, nous croyons qu'il se-

ra rare lorsqu'on se sera rendu compte des compensations et des résultats comparatifs. Quant à la première objection, nous pensons que les craintes qu'elle soulève ne se réaliseront pas, si la Société du Stud Book agit avec indépendance, autorité et énergie, et sait faire comprendre à tous qu'elle est seule juge en la question et que l'argent ne suffit pas pour ouvrir toutes les portes. C'est à elle qu'incombe la responsabilité de la dignité du Stud Book et elle ne saurait faillir à sa mission.

Le Perche suit la méthode de l'inscription payante, et une somme de 5 francs est perçue pour tout cheval admis au Stud Book. Il semble que les éleveurs supportent assez allègrement cette petite dépense et soient loin de s'en plaindre, à en juger par le développement qu'a pris leur Stud Book et les remarquables résultats qu'ils ont obtenus.

Le Boulonnais, il est vrai, n'opère pas ainsi. La Société d'agriculture de Boulogne-sur-Mer qui dirige le Stud Book de la race boulonnaise reçoit gratuitement les inscriptions. Mais il convient de remarquer que le Boulonnais est riche et que les ressources ne manquent pas à la Société. Au concours donné cette année à Calais par cette Société, pour fêter le 100e anniversaire de sa fondation, plus de 25000 francs ont été fournis rien que par les sociétaires, les propriétaires et éleveurs du pays.

Il est douteux que nous puissions en Bretagne réaliser un si beau rêve. Nous ne sommes pas riches, c'est un fait, dont il n'y a nullement lieu de rougir d'ailleurs, mais c'est un fait, et il faut tenir compte de cette situation. Je crois donc que la Société du Stud Book breton doit demander une légère rétribution pour l'inscription au livre.

Du modèle-type.

Sur quels principes zoologiques et zootechniques la Société du Stud Book breton se basera-t-elle pour prononcer l'admission au registre ? C'est une question de la plus haute importance, puisque notre but est de fixer les caractères constitutionnels de la race et de lui rendre son homogénéité, en arrêtant la variation désordonnée qui existe dans les types et les conformations, par suite de l'incohérence et de la multiplicité des croisements.

Un Stud Book est l'armorial, le livre de noblesse d'une race pure qu'il s'agit de garantir des mésalliances. La pureté d'origine est donc la base fondamentale, la condition essentielle de l'accession. Mais la pureté d'origine ne suffit pas. Tous les membres d'une race ne sont pas également respectables, pas plus dans les sociétés humaines que dans les espèces animales. Si, dans les premières, ce sont les défaillances

morales qui entraînent la déchéance
de l'individu, chez les animaux do-
mestiques, ce sont les défectuosités
physiques qui provoquent leur répu-
diation. Chez le cheval, particulièrement, cette rigueur est indispensable;
s'en départir équivaut à l'abandon pur
et simple de tout espoir d'amélioration, qu'il est, dans ce cas, inutile
de tenter. Je sais qu'en pratique cette
opinion prévaut rarement; je n'en per-
siste que davantage à la défendre, en
présence des résultats défectueux que
nous montre l'application de la doctrine du laisser aller. Ce n'est pas parce
que un cheval et une jument sont de
pur-sang, qu'ils sont irréprochables
et ont droit imprescriptible à être
admis à la reproduction, à titre d'a-
méliorateurs : si l'on voulait examiner les faits de sang-froid et sans parti
pris, on trouverait là l'explication d'une
des causes de la déchéance progressive
de la race de pur-sang anglais. Ce n'est
pas non plus parce qu'un demi-sang
a été acheté par l'Administration des
Haras qu'il devrait avoir le droit rè-

glementaire d'être inscrit au Stud Book de demi-sang, attendu que trop souvent il vicie ce document, qui n'a plus dès lors que la valeur d'estime que chacun veut bien lui accorder. De même, ce n'est pas parce qu'un étalon, ou une poulinière, aura une origine bretonne nettement confirmée que le livre devra lui être ouvert. Il doit posséder, en même temps, et au plus haut degré possible, la conformation régulière et les aptitudes, ainsi que le type de la race. Il faut donc un cadre, un modèle type auquel se rapporteront les jugements et qui constituera le terme de comparaison.

Quelle est la formule générale de la race bretonne de trait? Nous la trouvons dans le Traité de Zootechnie de Mr Sanson, l'éminent professeur de l'Institut agronomique, dont les remarquables travaux ont jeté une si vive lumière sur les questions de détermination des races, si obscures et imprécisées avant lui, au chapitre consacré à la race irlandaise d'où provient notre race bretonne, et où chacun peut l'étudier.

Nous nous bornerons à indiquer la physionomie d'ensemble du cheval breton de trait :

Brachicéphale — tête courte, à profil en ligne brisée, à angle rentrant très obtus à hauteur de la suture fronto-nasale, vulgairement tête camuse — œil vif et expressif — oreilles petites — encolure forte et souvent rouée, à crinière très fournie — épaules musculeuses, mais plutôt droites qu'inclinées, — poitrine profonde — poitrail large et proéminent — garrot un peu bas et noyé — corps court et cylindrique — dos court — rein large et soutenu — côtes très arquées, — croupe fortement musclée, large, double et un peu avalée — queue solidement plantée et un peu bas — membres forts aux articulations larges et solides, paturons courts pourvus de crins — bons pieds.

Telle est la silhouette type du cheval de trait breton. Il ne faut pas oublier toutefois que, tout en se maintenant dans son cadre héréditaire, la race possède une malléabilité qui lui permet de fournir aussi bien le fort cheval de trait que le postier, en même temps qu'assez de souplesse pour se prêter à des modifications de détail dans les caractères extérieurs. C'est ce modèle général, caractéristique de la race pure, qui servira de base d'appréciation pour juger les animaux présentés à l'inscription au Stud Book, et dont la conformation devra être sensiblement semblable.

Un mot sur la robe. Il y a de bons chevaux de tout poil, dit le dicton, et le dicton a raison. Aussi n'en parlerai-je pas, s'il n'y avait là une question d'opinion et de mode, dont il est bon de tenir compte au point de vue commercial, puisqu'une robe discréditée peut déprécier le produit qui la porte. Il en est ainsi de la robe grise, actuellement. Bien que les raisons invoquées pour justifier cet ostracisme ne semblent pas absolument décisives, on reproche à cette robe de blanchir en vieillissant, d'être d'un entretien difficile, de salir les harnais et les gens, enfin de provoquer la mélanose. L'armée rejette les chevaux gris, comme se distinguant de loin et fournissant à la guerre un point de repère. Le commerce et l'industrie n'ont point encore déclassé les robes grises et les utilisent; mais peut-être un jour viendra-t-il où il en sera là comme ailleurs. Il est donc bon de prévoir ce cas. La robe grise est en faveur chez les éleveurs des races de trait, dans le Boulonnais et le Perche, aussi bien qu'en Bretagne, où on la considère généralement comme un indice de la pureté de race et une manifestation de la descendance du cheval oriental, dont certaines personnes veulent à tout prix faire dériver ces trois races. Il n'en est rien toutefois, ces races ayant chacune une origine bien distincte et nullement orientale. Des étalons orientaux ont, sans doute, été introduits autrefois dans ces centres d'élevage, et l'on sait que la robe grise est particulièrement estimée dans les pays chauds. La raison en est, et l'expérience est journalière en Afrique, que les chevaux de robe grise souffrent moins de la chaleur que les chevaux de couleur sombre, le blanc absorbant moins les rayons solaires, qu'ils se nourrissent mieux et supportent mieux les fatigues.

On comprend donc que cette robe se soit multipliée par sélection parmi les races arabe et barbe. Mais, en admettant que les étalons orientaux importés eussent été tous de robe grise, leur action n'a été ni assez générale ni assez persistante pour pouvoir modifier sérieusement les robes, pas plus qu'elle n'a modifié les types. Il est beaucoup plus probable que la robe grise s'est développée dans nos races de trait également par sélection, les éleveurs ayant trouvé, à tort ou à raison, des qualités supérieures aux chevaux de cette couleur et les ayant de préférence fait reproduire ensemble.

Quoiqu'il en soit, et ainsi que je le disais plus haut, j'estime qu'au point de vue des échanges commerciaux il est prudent de ne pas multiplier le nombre des robes grises, ce qui est facile en choisissant, autant que possible, des reproducteurs d'autres robes.

Si une livrée devait être particulièrement adoptée en Bretagne, comme signalement caractéristique du cheval breton, ce serait, à mon avis, le rouan, qui jouit d'une réputation très méritée, d'ailleurs, sans qu'on puisse, au surplus, expliquer la cause de cette supériorité.

Concours et Primes.

L'œuvre du Stud Book serait incomplète si les résultats obtenus n'étaient pas périodiquement constatés par une consécration publique. La Société doit donc instituer des concours où seront admis seuls les animaux inscrits au Stud Book et leurs produits. C'est une circonstance propice pour réunir les animaux les plus réussis, les exhiber au grand jour et attirer le consommateur. Comme il est dans l'ordre des choses que le progrès a besoin de stimulants, ces concours seraient l'occasion d'allocations de primes aux meilleurs sujets,

afin d'exciter l'émulation et de conso-
lider les bonnes méthodes d'élevage par
la séduction des récompenses. En ce
qui concerne le montant des primes
il semble, en principe, qu'il y ait intérêt à multiplier le nombre des primes,
quitte à réduire le chiffre de la somme
allouée, plutôt que d'en distribuer une
quantité restreinte à sommes assez é-
levées. Ces dernières allocations vont,
généralement, aux mêmes éleveurs, a-
yant de l'aisance et possédant de grosses
écuries ; avec le premier système les
encouragements sont répartis sur un
plus grand nombre d'éleveurs et favo-
risent l'élevage tout entier ; quatre
primes de 50 fr. ont plus d'influence
qu'une prime de 200 fr. Assurément,
plus les primes sont élevées, plus l'en-
couragement est effectif ; mais tout dépend des ressources pécuniaires dont
peut disposer la Société.

—

Action de la Société au point de vue commercial.

La Société du Stud Book, pour accomplir dans son entier son œuvre régénératrice, a une dernière mission. La question qui domine la situation de l'élevage est la recherche et l'utilisation des débouchés ; car à quoi bon produire si l'on ne peut vendre. Or, beaucoup d'éleveurs, et ce sont souvent les plus dignes de sollicitude, attendent chez eux la demande. D'autre part, la demande ignore ce que peut offrir le producteur trop timide et trop caché. Sans doute, l'intermédiaire survient parfois et rapproche l'offre et la demande ; mais alors c'est au détriment du producteur et du consommateur à la fois, car il vit des bénéfices réalisés sur les deux marchés. C'est cet intermédiaire négociant qu'il conviendrait de supprimer. A cet effet, il serait à souhaiter que la Société du Stud Book servit elle-même d'intermé-

diaire aux éleveurs dont les animaux
sont inscrits, et les aidât dans leurs
transactions, en leur signalant les débouchés avantageux et les demandes
dont elle aurait connaissance, soit de
la part des syndicats agricoles, soit de
la part de ses correspondants, tant en
France qu'à l'étranger. Je suis con-
vaincu que cette mesure aurait l'influence la plus considérable sur l'amélioration de l'élevage et sur la valeur
de la production.

Je termine cet aperçu sur la situation actuelle de la production du cheval en Bretagne, et les modifications à y apporter. Les opinions que je viens d'émettre sont trop opposées aux idées intentionnellement répandues, pour que je me fasse la moindre illusion sur les appréciations dont elles seront l'objet de la part de certains. Inutile d'ajouter que ce souci me tourmente peu. Indépendant je suis, indépendant je resterai. Le but unique que je poursuis, et que je ne cesserai de poursuivre, c'est la prospérité de l'industrie chevaline en Bretagne. Je constate que cette prospérité est gravement compromise par une doctrine erronée et des procédés contraires aux intérêts du pays, et je le dis sans hésitation, en engageant mes compatriotes à n'en pas être plus longtemps complices et dupes. C'est tout.

Martial CORRIC

Desmoulins, Imp.-Relieur. Landerneau

150

www.ingramcontent.com/pod-product-compliance
Lightning Source LLC
Chambersburg PA
CBHW071446030726
47593CB00003B/915